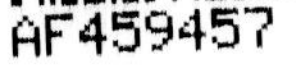

# CARACTÈRES

DE

# DIVISIBILITÉ DES NOMBRES

## PAR DES VALEURS DONNÉES

**De 1 à 50**

# CARACTÈRES

DE

# DIVISIBILITÉ DES NOMBRES

## PAR DES VALEURS DONNÉES DE 1 A 50

FORMULÉS PAR LE PATRE CALCULATEUR DE LA TOURAINE

# HENRI MONDEUX

AVEC UNE COURTE

## NOTICE BIOGRAPHIQUE

PAR SON PROFESSEUR

EMILE JACOBI

Membre de plusieurs Sociétés savantes



DEUXIÈME ÉDITION, REVUE ET CORRIGÉE

PARIS

AU DÉPOT DE VIALAT ET C^ie^, IMPRIMEURS A LAGNY

CHEZ L. BONNEVILLE, LIBRAIRE-ÉDITEUR

21, QUAI DES GRANDS-AUGUSTINS

A la Librairie spéciale de Mathématiques de BACHELIER

55, quai des Grands-Augustins

ET CHEZ DENTU, LIBRAIRE, PALAIS-ROYAL (Galerie d'Orléans)

1854

## AVIS.

Toutes demandes, souscriptions ou communications que l'on voudra bien nous faire, devront être adressées *franco* à M. Émile Jacoby, chez M. VIALAT, éditeur, quai des Grands-Augustins, 21.

# A MONSIEUR HUGH GODFRAY

PROFESSEUR DE MATHÉMATIQUES ET D'HYDROGRAPHIE

**A Jersey** (1)

Vous avez assez connu Henri Mondeux, mon cher Hugh, pour être convaincu que sa mémoire est nulle, et partant son éducation difficile. Malgré votre enthousiasme pour sa prodigieuse faculté, vous avez été péniblement surpris du résultat de cet étrange problème psychologique, résultat dont la valeur négative est au moins aussi prodigieusement énorme que la valeur positive.

Depuis que vous l'avez vu, entendu, étudié, rien en lui n'est changé. Je ne dirai pas qu'il a oublié : lui, qui sait tant, n'a rien appris. Les faits, les dates, les lieux, les hommes passent devant son cerveau, comme devant un miroir, sans y laisser de traces. C'est assez vous dire, mon ami, qu'il ne se souvient ni de vous, ni de DAVID'PLACE, ni de Jersey. Mais j'ai la mémoire du cœur pour deux, et je me souviens toujours.

Votre nom attaché au premier ouvrage auquel Henri a coopéré, passant chaque jour sous ses yeux, finira peut-être par se graver dans sa mémoire ; et j'aimerais qu'il le sût.

Ce n'est là, vous le pensez bien, qu'une faible partie du but que je désire atteindre. Il en est un autre pour moi, c'est de consacrer un souvenir à l'ami qui m'a rendu si agréable le séjour de Jersey, cette coquette perle de la Manche ; à l'ami qui, après nos conversations mathématiques, me parlait de la France avec tant d'amour, que moi, Français, j'en étais presque jaloux.

Veuillez donc, ami, accueillir ce premier enfant de Henri Mondeux comme vous l'avez accueilli lui-même, et me croire toujours

Votre bien dévoué

ÉMILE JACOBY.

**Genève, ce 19 décembre 1850.**

(1) M. Hugh Godfray est actuellement l'un des professeurs distingués de l'Université de Cambridge.

# AUX LECTEURS

Henri Mondeux est aujourd'hui presque oublié. Son nom, après avoir retenti dans la presse parisienne, il y a treize ans, a été répété par tous les échos de la presse des départements de la France et des contrées voisines; puis est allé se perdre dans le lointain. Durant ces treize années, pourtant, le pâtre calculateur de la Touraine n'a point cessé de donner des séances publiques de ses improvisations mathématiques; et la faculté dont il est doué a grandi chaque jour. — Presque de lui-même, il a reculé les limites de son domaine intellectuel, car ce domaine s'est constamment refusé à la culture : tout au plus quelques semences mathématiques ont-elles pu y germer et produire. Je ne sais trop si ce ne serait pas le cas de dire : Tel qui, voyant son champ ingrat au bon grain, prend l'idée de tirer parti des mauvaises herbes (1). » Toujours est-il que, ne pouvant rien ou du moins presque rien enseigner à mon élève, j'ai résolu d'apprendre moi-même ce qu'il sait, et d'en tirer le meilleur parti possible pour la science et pour lui-même.

J'ai pour cela dirigé ses investigations quelquefois dans des sentiers déjà battus; quelquefois dans des contrées complètement inconnues. Et je l'ai toujours suivi avec intérêt dans ses explorations, recueillant avec soin tout ce qui me paraissait bon et même ce qui me paraissait seulement curieux. Nous avons passé ainsi plus d'une année à parcourir en tous sens le domaine des nombres premiers dans lequel tant d'habiles explorateurs se sont égarés souvent. J'ai de cette manière acquis un grand nombre de notes fort intéressantes que je publierai successivement.

Celles sur la divisibilité des nombres, que je livre aujourd'hui à la publicité, ne sont pas des moins curieuses.

Nous aurions pu pousser plus loin ce travail, mais j'ai cru devoir arrêter là le résultat des investigations de Henri Mondeux, et comme il continue toujours à s'occuper de ce qu'il appelle ses récréations, nous verrons s'il y a lieu de publier les nouvelles formules qu'il aura trouvées.

(1) Topffer. *Nouvelles genevoises.*

Les caractères de divisibilité des nombres par des valeurs données ne sont pas connus, que je sache du moins, au delà de 12. Passé cette valeur, on a bien encore le moyen de reconnaître quand un nombre est divisible par 25, 100 et 125 ; mais c'est tout. Mondeux, lui, a formulé des procédés pour reconnaître quand un nombre est divisible par des valeurs données depuis 1 jusqu'à 50. J'ai hésité longtemps à publier ces formules, parce que, les ayant présentées à l'Académie des sciences, j'ai su par l'illustre géomètre Cauchy, qui avait été nommé commissaire pour les examiner, que « le principe sur lequel s'appuie Henri Mondeux pour mettre en évidence les caractères de divisibilité des nombres par des valeurs données est connu depuis longtemps, et que les applications plus ou moins étendues que l'on peut faire de ce principe ne peuvent être d'une grande utilité. » Mais Mondeux n'avait point connaissance de ce principe, que j'avoue, en toute humilité, ignorer moi-même. Et n'étaient les prières de mes amis, j'aurais brûlé ces notes comme indignes de voir le jour.

Si elles n'ont pas d'utilité, elles prouveront au moins combien est grande la faculté mathématique de Mondeux, qui, sans l'appui du principe connu dont parle le savant géomètre, est parvenu à les composer.

Cet opuscule ne précédera que de très-peu de temps les autres ouvrages depuis si longtemps annoncés et depuis tant d'années attendus.

Deux fois, dans le cours de nos voyages, mes manuscrits ont été perdus ou volés : trois fois donc il m'a fallu recommencer le même travail. Il faut espérer que de pareils accidents n'arriveront plus, maintenant que nous sommes à poste fixe.

D'ailleurs, la *Clé de l'Arithmétique* est sous presse, l'*Algorithmie* est terminée ainsi que la nouvelle édition de la *Biographie de Henri Mondeux*. Bientôt nous aurons fini l'*Arithmétique industrielle et commerciale* et le premier volume de nos *Problèmes*.

Nos souscripteurs voudront bien nous pardonner ces retards, dont nous souffrons certainement plus que personne, et nous osons espérer qu'ils n'en feront pas moins un bon accueil à nos œuvres.

Je crois être agréable aux amis des sciences qui veulent bien s'intéresser au pâtre calculateur de la Touraine, en faisant précéder cet opuscule d'une courte *Notice sur Henri Mondeux*, notice dont j'ai publié séparément plusieurs éditions sous le titre distinctif de l'*Édition des Collèges*, et qui fut toujours bien accueillie dans les établissements d'instruction publique.

ÉMILE JACOBY.

# NOTICE BIOGRAPHIQUE

DU PATRE CALCULATEUR

# HENRI MONDEUX

## I

## ENFANCE DE HENRI MONDEUX

L'attention que l'on porte aux premières inclinations d'un enfant rendra bien plus facile le travail futur des parents. MM. TRIMMERS.

Dans les villes, aussi bien que dans les campagnes, le despotisme inintelligent et brutal des pères fait très-souvent le malheur des enfants.
E. J.

C'est sous le beau ciel de la Touraine, dans ce jardin délicieux de la France, dans le pays de Descartes et de Rabelais, de Grégoire et de Néricault Destouches, de Balzac et d'Alfred de Vigny, que naquit Henri Mondeux, le 22 juin 1826. Son père, Jacques Mondeux, habitait la commune de Neuvy-le-Roi, où il exerçait le métier de fagoteur, et sa mère, Catherine Ruthard, celui de journalière.

Henri était le troisième enfant d'un second lit; déjà le père Mondeux avait deux grands garçons qui commençaient à l'aider dans ses travaux quand Henri vint au monde. Ce fut donc le dernier. Il devait être le Benjamin de la famille; il en fut le paria. Venu sur les vieux jours de son père, il n'était point désiré. Les occupations étaient nombreuses à la chaumière, et il fallait travailler rudement pour nourrir une femme et cinq enfants. Tout d'abord, le pauvre Henri poussa à la grâce de Dieu, comme vient un jeune arbrisseau dans une forêt, avec ses nœuds et ses épines. Il n'en annonça pas moins une constitution robuste et une intelligence supérieure. Ses épaules étaient larges et ses mains épaisses; sur un corps d'enfant athlète, sa tête prit des proportions presque anormales. Une inquiète curiosité lui faisait chercher et souvent deviner la cause des choses.

Dès qu'il put sortir de son berceau, Henri courut par les champs et les chemins, en compagnie des poules, des canards et des autres animaux domestiques de la ferme. Quelquefois ses aînés surveillaient ses premiers pas, et le plus souvent ils l'abandonnaient à ses penchants et à ses instincts. Une petite voisine, sorte de mégère en herbe, aimait à jouer à la maman avec lui; et, habituée qu'elle était à être corrigée par le fouet, elle se plaisait à torturer et à fouetter le petit Henri toutes les fois qu'il lui en prenait fantaisie, et surtout quand il ne commettait pas les petites espiègleries qu'elle lui imposait.

Un jour que Henri, livré à lui-même, barbotait gaiement avec les canards, il lui prit envie de lancer un sabot sur l'onde puante de la fosse au fumier. Le voilà donc qui grée un navire de toutes pièces, et quand les voiles sont larguées, il le pousse sur un plan incliné. D'abord le navire s'enfonce de l'avant et se balance incertain. Henri le suit des yeux avec une joie inquiète, mais la voile se gonfle, le navire se redresse et vogue. Alors il ne se sent plus d'aise : il crie, il danse, il bat des mains. Hélas! comme tous les bonheurs de ce monde, le bonheur du pauvre enfant devait être de courte durée. A peine se félicitait-il de son succès, qu'un coup de vent incline le navire; l'eau entre par les sabords, et la violence de la tempête redoublant, le sabot, je veux dire le navire, sombre sous le vent. Henri fait de sublimes efforts pour sauver son sabot; il allait l'atteindre quand, perdant l'équilibre, il est précipité dans l'onde croupissante de la fosse. Le pauvre armateur périssait infailliblement dans son premier voyage si sa mère, qu'un secret pressentiment peut-être rappela à la maison, ne l'avait sauvé à temps. Peu de jours après, Henri tombe malade; une fièvre scarlatine se déclare, et il est de nouveau en danger de mort. A la campagne, le médecin n'est presque jamais appelé que lorsque ses soins sont devenus inutiles; et, il est pénible de le dire, les bestiaux sont bien souvent, pour ne pas dire toujours, mieux soignés que les enfants, voire même que les hommes. La nature, plutôt que la médecine, rappelle donc à la vie notre malheureux navigateur.

Aussitôt que Henri put se tenir sur ses jambes, il se mit à courir les champs; mais une rechute terrible devait être la conséquence de cette imprudence. Sa maladie dégénéra en une tuméfaction générale, et il resta enflé pendant plus de trois semaines. Cependant il sortit encore vainqueur de ce combat que, pour la troisième fois dans l'espace de quelques mois, lui livrait la mort : mais il n'en sortit pas sans blessure. Une maladie devenue chronique, maladie qui chaque jour fit des progrès rapides et dont il eut la première atteinte avant de se relever, fut le prix de sa victoire. C'est ainsi que souvent de petites causes produisent de grands effets : une désobéissance et une imprudence, car sans aucun doute sa mère lui avait défendu d'abord de s'approcher de la fosse, et ensuite de sortir de la maison, devaient avoir pour lui les conséquences les plus funestes.

Enfin, il est rappelé à la vie. Il reprend ses forces et grandit. Il a quatre ans environ. Déjà il doit être utile à la famille. La loi naturelle le veut ainsi. Que fera-t-il ? hélas! ce que font tous les malheureux enfants de la campagne. Ce que firent Sixte-Quint, Valentin-Duval, Giotto, Foyatier, le cardinal de Brogny, et tant d'autres qui pourtant devinrent célèbres : il gardera les bestiaux.

La vie paisible des champs est sans doute favorable à la méditation, et puis il semble que Dieu se plaise à révéler ses plus intimes secrets à ces enfants de la campagne employés à la garde des troupeaux. — Le nombre des hommes illustres qui sont partis de ce bas échelon de l'échelle sociale, et qui sont arrivés au faîte de la gloire et des honneurs, est immense. — Henri devait être un de ceux-là. Dans cette occupation douce et tranquille, il rassemblait dans un coin de son champ des petits cailloux, et là, couché sur l'herbe, pendant que son chien faisait bonne garde, il supputait des nombres et s'élevait par la pensée dans les régions inconnues à tous ses petits compagnons. Bientôt il surprend ses voisins par sa puissante mémoire des nombres, par la facilité avec laquelle il fait un calcul et résout un problème. Sa réputation s'étend ; tout le village le vient questionner et écouter avec une sorte d'effroi. C'est alors que quelques personnes veulent s'occuper de son éducation : celui-ci lui donne de l'argent pour acheter des livres, cet autre lui veut apprendre à lire, d'autres se chargent de lui ouvrir le livre de la science des nombres; mais Henri aime les friandises, et ses sous passent à satisfaire sa petite passion favorite; mais Henri aime l'indépendance, et, en courant à travers les champs, il oublie l'heure de la leçon; mais Henri préfère rêver, méditer et deviner, qu'écouter une leçon qu'il sait déjà. Il vécut donc comme il était habitué de le faire, en vrai petit sauvage.

A cette époque, un grand malheur vint le frapper : le ciel lui enleva sa mère; sa mère qui ne l'avait guère veillé à son entrée dans la vie, mais qui pourtant jetait à la dérobée un regard sur son pauvre enfant; et Dieu sait tout ce que peut un regard de mère sur le cœur d'un enfant!

Henri, orphelin, sera dorénavant soumis au caprice de la petite mégère dont j'ai parlé, et de plus à la capricieuse autorité de ses aînés. Celle-ci et même ceux-là ne lui ménagent ni les mauvais conseils, ni les mauvais traitements; et puni par-ci, puni par-là, sans motifs raisonnables, Henri, dont l'esprit est droit, dont l'esprit est mathématique, se raidit contre ses petits despotes. Il n'agit plus alors que selon ses instincts brutaux, qui se pervertissent à cette école, et la raison, si raison il y a dans la tête d'un enfant, semble l'abandonner souvent. Ne pouvant rendre à tous ceux qui le maltraitaient tout le mal qu'il en recevait, il rejeta sur les faibles et sur ses petits camarades tout le fiel de son âme. Et il apprenait à garder rancune et à méditer sournoisement une vengeance contre ceux qui étaient plus forts que lui : de sorte qu'il devint la terreur des enfants de son âge et l'effroi du village tout entier.

Le père Mondeux était peu patient de son naturel. Les plaintes lui arrivaient de toutes parts, et, pour son propre compte, étant peu content du caractère indocile du petit Henri, il résolut de le corriger, mais de le corriger vigoureusement pour qu'il s'en souvînt, ainsi qu'il l'avait fait pour ses autres enfants, c'est-à-dire à grands coups de houssine.

Déjà le père Mondeux avait si bien châtié, qu'une partie de ses enfants s'étaient détachés de lui. Baptiste, le cadet de Henri et son ami, celui qui, dans son enfance, *jouait au calcul avec lui*, venait d'abandonner la maison paternelle pour échapper aux trop touchantes caresses du papa, et Henri, quoique fort jeune encore, rêvait déjà son affranchissement, quand le père Mondeux, qui voulait convoler en troisièmes noces, le plaça chez un de ses oncles. L'enfant partit tout joyeux; mais il ne tarda guère à s'apercevoir qu'il n'avait rien gagné au change : son nouveau *maître* était encore plus dur que son père. Après maintes petites vengeances en échange de maints mauvais traitements, oncle et neveu se quittèrent sans regret. Henri fut alors *mis en condition* chez un riche propriétaire du canton, qui tenait à s'occuper un peu de l'éducation du petit pâtre et qui, en échange, demandait à Henri des leçons de calcul pour son fils. Mais Henri n'y fit pas un long bail : le péché de notre premier père devait lui être funeste. Pris plusieurs fois en flagrant délit de maraude dans l'office, il fut impitoyablement chassé. Force lui fut donc de rentrer sous le toit paternel. Il y avait alors à la maison une belle-mère qui, ignorant l'existence de ce gros garçon, était peu disposée à lui faire gracieuse réception. Cependant il fallut bien lui donner un gîte et une place à la table.

A cette époque, le père Mondeux avait transporté ses pénates du nord de la Touraine au centre. Il habitait une misérable petite cabane située sur le versant méridional du coteau qui sépare la Loire du Cher, charmantes rivières dont les sables roulent des paillettes d'or. Au-dessus, le château de la Bourdoisière, ancienne demeure de la belle Gabrielle d'Estrées, montre orgueilleusement ses tourelles au milieu d'un bouquet de marronniers séculaires; au-dessous, s'étendent de vastes et fertiles prairies qu'on appelle la Vallée. Il semble, en voyant ces gracieux coteaux, cette riante vallée, cette eau si limpide et ce ciel si pur de la Touraine, que dans ce lieu le naturel le plus sauvage doit s'adoucir. — Il n'en fut rien pourtant. — Henri fut pâtre comme devant et sauvage comme toujours. Chargé, pour toute besogne, de ramasser le fumier sur les chemins et les broussailles dans les bois, il s'acquittait mollement de ces devoirs; puis il aimait la maraude, le tapage et le bruit; de sorte qu'il eut bientôt conquis dans sa nouvelle patrie son ancienne réputation de *roi des polissons*. Il faut dire, pour être juste, que dans le même temps il se faisait appeler *grand calculateur*.

Devenu audacieux, il défiait le garde champêtre et avait toujours quelques malices nouvelles en réserve pour se venger de ceux qui, le surprenant en flagrant délit, lui infligeaient quelques rudes corrections ou le faisaient battre par son père, sa belle-mère ou son frère. Disons en passant que celle-ci avait un trop fidèle exécuteur de ses volontés dans un de ses beaux-fils, Jacques, frère aîné de Henri, qui souvent, trop souvent, prévenait les ordres de la marâtre et bâtonnait le pauvre Henri. Aussi conserve-t-il à ce frère *bien-aimé* un amour que rien jusqu'ici n'a pu affaiblir. Quelquefois, le croirait-on, père, marâtre, frère, se mettaient de la partie et frappaient à l'envi.

Le pauvre enfant, pour éviter des châtiments si barbares, fuyait le toit paternel et vagabondait en mendiant son pain; il couchait à la belle étoile, sur des arbres, dans des chaumiers, ou dans des granges qu'il trouvait entr'ouvertes ou dans lesquelles il s'introduisait en passant à plat ventre sous la porte.

Quelquefois une pauvre folle du pays lui donnait l'hospitalité et partageait avec lui le pain noir de l'aumône et la paille suante de son grabat. Cette sorte d'affection qui s'établit entre la folle de la Vallée et le pâtre calculateur, valut à ce dernier la réputation de sorcier, réputation qu'on était déjà tout disposé à lui accorder en raison de sa puissante faculté pour la science des nombres. Henri, en fin matois, sut mettre à profit cette réputation pour échapper aux mauvais traitements auxquels il était en butte de toutes parts, et le hasard le servit souvent au gré de ses désirs. Un jour, entre autres, que, surpris dévastant un bel abricotier, il allait être châtié, sa présence d'esprit le sauva d'une sévère correction. Le propriétaire avait égaré une belle vache, et toute la ferme était dans la désolation. « Ne me faites point de mal, dit Henri, et je trouverai votre vache. » On connaissait le pâtre : on temporisa et on le suivit à travers la forêt. La vache fut heureusement trouvée. En fallait-il plus ? non. — Décidément Henri était sorcier.

Je pourrais multiplier à l'infini les anecdotes de ce genre, mais notre cadre restreint m'oblige à n'être point prolixe.

Henri grandissait dans ces mauvaises habitudes de vagabondage, et il était à craindre qu'il ne devînt un franc mauvais sujet, un vrai vaurien, comme disait le père Mondeux. Il était temps de chercher à le ramener dans la voie du bien, mais pour cela il fallait le *brider*, et la chose n'était pas facile. Son père pensa à le conduire au catéchisme, pour lui faire faire sa première communion et s'en débarrasser ensuite, comme il est d'usage; mais il prévint les désirs de son père, et alla de lui-même se présenter au curé et au maître d'école.

Le curé, heureux de voir une brebis égarée rentrer d'elle-même au bercail, reçut avec bonheur le petit vagabond de Montlouis, le petit sorcier de la Vallée; et le maître d'école, joyeux de recevoir un élève qui promettait tant, ouvrit avec joie les portes de sa classe au fameux pâtre calculateur de la Touraine. Mais, hélas! le bonheur de l'un et la joie de l'autre ne furent pas de longue durée. Après maintes réprimandes, après maintes punitions, le pâtre fut chassé de l'église à coups de baleine par un impitoyable bedeau; et l'école, après avoir été plus d'une fois convertie en un véritable champ de bataille, fut bientôt fermée pour lui. C'était chaque jour de nouveaux combats, dans lesquels le maître d'école lui-même avait failli être victime. Henri oublia l'instituteur, qui n'avait été que juste; mais il jura vengeance à l'huissier de la paroisse qui l'avait si honteusement pourchassé. Et il se vengea.

A cet effet, il se munit d'épingles, les planta, la pointe en l'air, sur la chaise et sur le prie-Dieu du bedeau, et resta caché derrière un pilier de l'église pour jouir de sa vengeance. Je n'ai pas besoin de vous dire que l'infortuné marguillier souffrit cruellement de ce nouveau supplice de Régulus, et qu'il ne demanda pas l'auteur de cet abominable mauvais tour. Mais Henri se sauva et ne voulut plus jamais remettre les pieds dans l'église.

Cette affaire fit du bruit, et Henri fut encore battu; battu pour ce fait en lui-même, et battu parce que chaque dimanche il refusait d'aller à la messe. C'était pour chaque fête de nouvelles scènes de désordre et de violence à la Vallée; et de ce lieu si paisible jadis, on eût dit l'île des Ravageurs. Les barbares allèrent, le croirait-on, jusqu'à frapper la tête du pauvre Henri sur des pierres, jusqu'à lui attacher une corde au cou et à le promener comme une bête fauve, à coups de fouet, dans le village; et cela dans le pays le plus beau et le plus doux de la France! J'ai honte de dire que de pareilles choses se passèrent dans ma belle Touraine.

Il y avait bien quelques douces compensations à tant de maux : les propriétaires des villas et des châteaux de la commune et des environs appelaient le petit pâtre, quand ils avaient compagnie; le faisaient calculer, l'hébergeaient, lui donnaient quelques pièces de monnaie et... le renvoyaient ensuite à ses vaches.

Le maire de Montlouis et le propriétaire du château de la Bourdoisière, qui pressentaient son génie, essayèrent de lui donner un peu d'éducation; mais ils trouvèrent une opposition violente de la part du frère Jacques, qui, n'étant point allé à l'école, ne voulait pas que son frère y allât.

Baptiste, qui avait toujours été l'ami de Henri; Baptiste, qui savait tout ce que son jeune frère souffrait à la maison paternelle, résolut de le tirer de là. Il trouva vacante une place de pâtre dans une ferme près de la ville de Tours, et y appela son frère. Henri quitta gaiement la Vallée et vint s'installer chez le père Moreau, qui lui donna *à garder et à soigner trois vaches et une bourrique.*

C'est dans cette nouvelle condition que le hasard me le fit rencontrer, et je vais dire comment, quoique cela ait souvent été considéré comme un conte forgé à plaisir.

Un jour, un petit vacher conduisait ses vaches à la prairie; il suivait son troupeau en pleurant. Des dames le rencontrent et le veulent consoler. — « Oh! Mesdames, dit-il, si j' savais aussi *ben* deviner que *carculer*, je ne *charcherais* pas longtemps!... — Tu calcules donc bien? fit l'une d'elles. — Oh! oui, Madame! Dites-moi seulement votre âge et je vous dirai combien de secondes vous avez déjà vécu. » On accusa dix-neuf ans; et le jeune berger, après une minute de réflexion, reprit: « Vous avez, Madame, 599,184,000 secondes. » Ce calcul changea le cours des idées du petit pâtre qui, oubliant son chagrin, se mit à causer joyeusement calcul avec ces dames. — Parmi ces dames se trouvait une de mes sœurs: de sorte que le calcul me fut remis le jour même: je le vérifiai, le trouvai juste, et pris aussitôt la résolution de voir le petit pâtre calculateur.

Quelques jours après, je dirigeai la promenade de mes élèves du côté où le pâtre avait été rencontré. Après des recherches longues et inutiles, je finis cependant par le trouver; sa physionomie, sa pose, tout en lui me frappa: aussi, quand il me demanda l'heure, ayant deviné qui il était, je lui dis: « Il est, mon ami, la moitié du tiers des trois quarts de douze heures.— Ah! je vous dirai bien quelle heure il est. — Voyons? — Il est une heure et demie. » C'était l'heure en effet; c'était bien aussi l'enfant que je cherchais. Je lui proposai alors quelques autres questions qu'il résolut également bien.

Je lui demandai s'il ne serait pas heureux d'apprendre à lire et à écrire pour utiliser plus tard sa facilité pour le calcul. Sur sa réponse affirmative, je lui donnai mon nom et mon adresse. Il voulut me suivre tout de suite, et pour cela, il reconduisit ses vaches à l'étable. Mais la ferme était à une demi-lieue de là; je l'attendis en vain fort longtemps; perdant patience, je rentrai moi-même à la ville avec mon troupeau.

Henri, déjà, n'avait pas la mémoire des mots. Chemin faisant, il avait oublié mon nom et mon adresse, et son maître, le père Moreau, l'avait grondé. « Ne vois-tu pas qu'on s'est moqué de toi, imbécile! lui dit-il sévèrement. Ne calcule pas tant, mes vaches seront mieux gardées. S'il t'arrive encore de rentrer les bestiaux avant l'heure, tu pourras aller calculer chez toi si tu veux. » Et il ne voulut pas laisser revenir le pauvre pâtre au rendez-vous.

A quelque temps de là, d'autres bergers qui m'avaient vu causer avec lui lui rappelèrent ce que je lui avais dit. Il le répéta à son maître, qui alors lui permit de venir prendre des leçons dans mon école.

## II

## HENRI A L'ÉCOLE NÉOPÉDIQUE

Il n'est point d'éducation plus difficile que celle d'un enfant-prodige.

B. J.

Rien n'est plus embarrassant qu'un phénomène, et pourtant ce n'est pas la faute de ce pauvre phénomène si Dieu l'a fait ainsi.

ÉM. DESCHAMPS.

Tel voyant son champ ingrat au bon grain, prend l'idée de tirer parti des mauvaises herbes.

TOPFFER.

La société littéraire de l'école était réunie en assemblée particulière, quand de grands cris de joie retentirent dans la cour. J'allais m'informer de la cause de ce bruit, mais tout à coup la porte de nos séances s'ouvre, et, contre toute règle, la salle est envahie par tous les élèves qui portaient en triomphe un gros garçon en costume de berger : c'était Henri Mondeux.

Cet accueil spontané fait à l'enfant du génie me causa une agréable émotion, et je reçus avec une bien grande joie le nouvel élève que le ciel m'envoyait.

C'était un jour de Noël, ce fut donc une double fête pour l'école.

Chacun posa une question au petit pâtre, chacun voulut lui enseigner ce qu'il savait le mieux, puis on le fit participer à tous les plaisirs de la journée. — Il ne nous quitta que le soir, après avoir pris heure avec nous pour venir prendre ses leçons.

Henri avait un maître avec qui il était engagé, et je n'aurais pas voulu, pour tout au monde, qu'il manquât à sa parole et à ses devoirs.

Pendant un mois, il prit chaque soir une leçon; puis, un beau jour de la fin de janvier, il arriva avec un petit paquet de hardes au bout d'un bâton. « Vous m'avez dit que vous me prendriez quand mon temps serait fini chez le père Moreau, fit Henri en entrant, eh bien! me voilà : le père Moreau n'a plus rien à me faire faire, et il me renvoie. — Sois donc le bienvenu, mon ami; tu auras ton lit ce soir; mais, avant tout, va dire à ton père qu'il vienne s'entendre avec moi. »

Le père Mondeux vint en effet, et nos arrangements furent bientôt conclus. Je prenais son fils et ne lui posais qu'une condition, c'était qu'il me l'abandonnât complètement pendant au moins cinq ans. Le bonhomme, avant de me quitter, crut devoir, pour l'acquit de sa conscience, me faire l'énumération de tous les défauts de son garçon. Je ne me laissai point effrayer par cette longue nomenclature de tous les péchés capitaux, suivis d'une infinité de péchés véniels. « On a dompté des animaux féroces, dis-je au père Mondeux, nous dompterons bien votre Henri. Soyez donc tranquille. D'ailleurs, si nous n'en faisons pas un savant, nous en ferons toujours un bon citoyen. — Dieu le veuille, Monsieur, reprit le père Mondeux; je prierai pour vous et je mourrai content. »

Le père Moreau vint à son tour me faire un portrait peu flatteur de son ancien pensionnaire. Mais rien ne me découragea.

Je dois dire pourtant qu'il n'y avait rien d'exagéré dans toutes ces sombres peintures. En peu de temps j'appris à connaître mon étrange élève. C'était un véritable petit sauvage, avec tous ses instincts brutaux et ses passions mauvaises. Sa gourmandise et ses colères lui valurent souvent des corrections qui eussent été fort dures pour d'autres élèves, mais qui, pour lui, n'étaient que des douceurs, comparativement à celles qu'il recevait à la maison paternelle. Tous les élèves, qui d'abord l'affectionnaient, le prirent en haine, et j'eus une peine infinie à obtenir la paix dans l'école. Chaque jour, nouvelles querelles et nouvelles batailles. Je dus séquestrer Henri très-souvent pour faire oublier ses mauvais tours et ses violences. J'amenai pourtant quelques changements dans son caractère; et, avec l'aide de quelques élèves patients, je pus lui faire faire sa première communion. Cet acte important de la vie d'un enfant eut sur lui une heureuse influence : il commença à comprendre qu'il devait s'amender.

Mais Henri, qui devinait ce que je voulais lui enseigner en mathématiques, ne pouvait suivre les cours avec les autres élèves. Il n'était jamais aux leçons qu'on lui donnait; quand il devait écrire, la plume lui tombait des mains, et il se prenait à rêver. Devait-il lire? il poursuivait la solution d'un problème qui l'avait embarrassé quelques instants auparavant. Une application d'un quart d'heure à tout ce qui n'était pas nombre, le fatiguait et le rendait malade. Je fus obligé de renoncer à lui faire suivre les cours en compagnie des autres élèves et de lui laisser une liberté presque entière pendant les études.

Toute la ville sut bientôt que la Touraine avait produit un émule du pâtre de la Sicile, et tous les amis des sciences voulurent le voir et l'entendre. Pour satisfaire la curiosité publique, je donnai une séance que Henri désirait ardemment, et dans laquelle il fut on ne peut plus remarquable par la rapidité et la sûreté de ses solutions. Les journaux parlèrent avec enthousiasme de ce premier pas de mon élève dans le chemin de la gloire; et à dater de ce jour, sa réputation et sa puissance mathématique ne firent que grandir.

Ne pouvant lui donner l'instruction en commun, je le conduisis à Paris vers la fin de 1840, et je le présentai à l'Académie des sciences, espérant que le gouvernement adopterait cet enfant extraordinaire. Là, Henri fut encore admirable : la savante assemblée applaudit le jeune berger, et nomma une commission pour l'examiner (1). Tout le monde a lu le remarquable rapport de l'illustre géomètre Cauchy, rapport qui a paru dans tous les journaux de l'époque et fut inséré dans le *Bulletin de l'Académie des sciences*. Je ne le rapporterai donc point ici, il ne pourrait d'ailleurs rentrer dans notre cadre. Je ne citerai, afin qu'on n'ignore point les efforts que j'ai faits dans l'intérêt de mon élève et le bienveillant et sympathique témoignage de l'Académie en faveur du jeune pâtre et de son professeur, que la conclusion qui fut adoptée à l'unanimité par l'Académie des sciences :

« L'éducation, l'instruction de l'enfant, dit M. Cauchy, sont-« elles aujourd'hui assez avancées pour pouvoir être continuées « et complétées en la présence et la compagnie d'autres élèves? « M. Jacoby ne le pense pas, et les membres de la commission « ne le pensent pas non plus. Nous croyons que l'Académie « doit reconnaître le noble dévouement que M. Jacoby a déployé « dans le double intérêt de son élève et de la science; encou-« rager ses efforts, le remercier de l'avoir mise à portée d'ap-« précier la merveilleuse aptitude du jeune Henri Mondeux; « enfin, émettre le vœu que le gouvernement fournisse à M. Ja-« coby les moyens de continuer son œuvre. »

Eh bien! le gouvernement, en la personne de son ministre de l'instruction publique, ne sut offrir autre chose qu'une *bourse* dans un collége pour l'élève, et une *récompense* pour le professeur; et cela malgré la promesse antérieure formelle de M. le ministre de s'en rapporter à la décision de l'Académie. Une bourse dans un collége! — Une intelligence spéciale comme celle de Henri Mondenx peut-elle suivre l'ornière creusée par la routinière Université de France, qui veut qu'un jeune homme sache le grec et le latin avant d'étudier le français et les mathématiques! C'était inacceptable. Une récompense! — Est-il rien qui puisse récompenser un homme du bien qu'il a pu faire à

(1) Cette commission était composée de MM. Arago, Cauchy, Sturm, Liouville et Coriolis.

un autre? Il n'y a, a dit Rousseau, que le plaisir de faire un heureux qui puisse payer ce qu'il en coûte pour mettre un homme en état de le devenir.

La bourse et la récompense furent donc refusées. Et le jeune pâtre, ayant déposé sa houlette à la porte de l'Institut de France, prit le bâton de pèlerin.

Hélas ! l'antique Homère erra de plage en plage;
Le Tasse mendia; plus voisin de notre âge,
Le grand Papin de Blois,
Qui sut de la vapeur calculer la puissance,
Fut, pour prix du génie, exilé de la France
Et vexé par nos lois (1).

L'avenir de Henri Mondeux est encore couvert d'un voile : sait peu; mais Dieu, qui l'a placé tant au dessus des autres hommes sous le rapport de sa spécialité, ne permettra peut-être pas qu'il demeure obscur ou qu'il vienne, après avoir étonné le monde, mourir comme Gilbert, sur un grabat au fond d'un hôpital. Peut-être la brillante lumière dont il est environné dans le cercle qu'il parcourt dissipera-t-elle l'obscurité qui règne au delà de son horizon actuel; et alors, son puissant génie lui montrera-t-il une nouvelle et éclatante carrière à parcourir. Qui sait alors ce qu'il pourra devenir? Peut-être dira-t-on un jour de lui ce qu'on disait de Newton : *Sibi gratulentur mortales tale tantumque exstitisse humani generis decus.*

En attendant, Henri continuera ses pérégrinations; il répandra le goût des mathématiques et réveillera peut-être quelques génies endormis. La jeunesse des colléges lui fera toujours de fraternelles réceptions, et les amis des sciences le viendront applaudir. Les amis des sciences! Hélas! qu'ils sont peu nombreux. La frivolité, chez nous, longtemps encore aura le pas sur la science.

Il ne faut pas croire pourtant que les séances de Henri Mondeux sont d'inutiles plaisirs ou de stériles ennuis. Non. — Il y a dans ces séances, qu'il faut bien appeler mathématiques, des jouissances pour l'esprit et le cœur. — Les hommes qui n'ont ni cœur ni intelligence, seuls, ne comprendront pas cela.

Et pour la jeunesse des colléges il y a autre chose encore que du plaisir, il y a émulation; nous le savons par expérience, quoi qu'en aient dit certains chefs d'établissements d'instruction publique qui prétendent tout savoir et tout régler, et qui préfèrent présenter à l'admiration de leurs élèves un âne ou un chien savant qu'un enfant de génie. Enfin, nous saurons prouver en

(1) Album de Henri Mondeux. Al. Lemaire.

temps et lieu, s'il nous est donné de terminer nos travaux, que le gouvernement, qui fit de folles dépenses pour nourrir des orangs-outangs, des chimpanzés et une multitude d'autres bêtes, eut un tort immense en abandonnant un enfant qui pouvait jeter la lumière sur plus d'un point obscur des sciences mathématiques, et qui devait être une des gloires de la France.

# PRÉLIMINAIRES

I. Les caractères de divisibilité d'un nombre par un autre nombre sont très-utiles pour faciliter la recherche des facteurs simples des nombres, et la réduction des fractions à leur plus simple expression.

II. Ils servent aussi à reconnaître si un nombre est ou n'est pas premier.

III. On appelle *nombre premier* ou *facteur premier*, tout nombre qui n'est divisible exactement que par lui-même ou par l'unité.

1, 2, 3, 5, 7, 11, 13, 17, 19, 23, 29, 31, 37, 41, 43, 47, etc., sont des nombres premiers.

IV. On dit qu'un nombre est *pair*, quand il est divisible par 2, c'est-à-dire quand il est terminé par l'un des chiffres 2, 4, 6, 8 ou 0.

V. Il est dit *impair*, dans le cas contraire.

VI. Un nombre compris exactement une certaine quantité de fois dans un autre est dit *sous-multiple* de ce nombre.

VII. Un nombre est multiple d'un autre, quand il le contient exactement une certaine quantité de fois.

CARACTÈRES

DE

# DIVISIBILITÉ DES NOMBRES

## PAR DES VALEURS DONNÉES

1. Un nombre qui n'est divisible que par lui-même ou par l'unité, est dit *nombre premier*.

2. Un nombre est divisible par 2, lorsque son dernier chiffre est pair ou 0.

3. Un nombre est divisible par 3, quand la somme de ses chiffres, pris dans leur valeur absolue, égale 3 ou un multiple de 3.

4. Un nombre est divisible par 4, lorsque le nombre formé par les deux derniers chiffres, à droite, est divisible par 4.

5. Tout nombre terminé par 0 ou 5 est divisible par 5.

6. Quand un nombre est divisible par 2 et par 3, il est divisible par 6.

7. Pour s'assurer si un nombre est divisible par 7, il faut le séparer par tranches de trois chiffres comme pour le lire. Puis, en commençant par la droite, multiplier le premier chiffre par 1, le deuxième par 3 et le troisième par 2. Agir de même pour la seconde tranche et les suivantes, jusqu'à ce qu'on ait épuisé tous les chiffres. On additionnera alors les produits des tranches paires, et séparément celui des tranches impaires; on fait la différence de ces deux sommes et on divise cette différence par 7. S'il y a un reste, c'est celui qu'on obtiendrait en divisant ce nombre par 7, si la somme des produits des tranches impaires est la plus forte; si la somme des produits des tranches paires est plus forte, autant il reste, autant il manque au contraire pour que la somme soit divisible par 7.

Exemple : soit le nombre 896,232,671,985.

| | |
|---|---|
| $1 \times 1 = 1$ | $5 \times 1 = 5$ |
| $7 \times 3 = 21$ | $8 \times 3 = 24$ |
| $6 \times 2 = 12$ | $9 \times 2 = 18$ |
| $6 \times 1 = 6$ | $2 \times 1 = 2$ |
| $9 \times 3 = 27$ | $3 \times 3 = 9$ |
| $8 \times 2 = 16$ | $2 \times 2 = 4$ |
| 83 | 62 |

$83 - 62 = 21$, $21 : 7 = 3$ juste.

Ce nombre pris au hasard est divisible par 7. J'ai multiplié, ainsi qu'on le voit dans la disposition de l'opération, le chiffre 5 par 1, le chiffre 8 par 3 et le chiffre 9 par 2. J'ai les produits 5, 24, 18 ; je passe à la tranche impaire suivante, et j'opère de même, j'ai $2 \times 1 = 2$, $3 \times 3 = 9$ et $2 \times 2 = 4$. Et la somme de ces produits est 62. Je fais la même opération sur les chiffres de tranches paires, et j'ai pour somme des produits 83. La différence de 83 à 62 est 21. 21 est multiple de 7; le nombre est donc divisible par 7.

Mais supposons le nombre 896,232. J'ai

$$\begin{array}{rcl} 6 \times 1 = 6 & \quad & 2 \times 1 = 2 \\ 9 \times 3 = 27 & & 3 \times 3 = 9 \\ 8 \times 2 = 16 & & 2 \times 2 = 4 \\ \hline 49 & & 15 \end{array}$$

$$49 - 15 = 34,\ 34 : 7 = 4 + 1, \text{ reste } 6.$$

Le nombre 34, différence entre la somme des produits, n'est pas divisible par 7 ; il reste 6. La tranche paire donnant la plus forte somme, ce nombre n'est pas le reste du nombre donné divisé par 7, mais ce qui manque à ce nombre pour qu'il soit divisible exactement par 7.

8. Pour reconnaître si un nombre est divisible par 8, prenez les trois premiers chiffres à droite, multipliez le premier par 1, le deuxième par 2 et le troisième par 4, et faites la somme des trois produits ; si cette somme est divisible exactement par 8, le nombre est lui-même divisible par 8; s'il ne l'est pas, le reste que l'on trouve est le reste du nombre donné divisé par 8.

Exemple : soit le nombre 786,675, 432; j'ai

×××

$$\begin{array}{r} 2 \times 1 = 2 \\ 3 \times 2 = 6 \\ 4 \times 4 = 16 \\ \hline 24 : 8 = 3 \end{array}$$

Je multiplie par 1 les unités, par 2 les dizaines, par 4 les centaines, et j'ai pour produits 2, 6, 16 qui donnent 24 pour somme. Or, 24 contient trois fois 8 exactement, le nombre donné 786,675,432 est donc divisible exactement par 8.

9. Tout nombre dont la somme des chiffres pris dans leur valeur absolue est divisible par 9, est lui-même divisible par 9.

10. Tout nombre terminé par un 0 est divisible par 10.

11. Quand la somme des chiffres d'un nombre donné, pris comme unités simples des rangs impairs, égale celle des rangs pairs, ou que l'une des deux surpasse l'autre de 11, ou d'un multiple de 11, le nombre est divisible par 11. S'il ne l'est pas, le reste est le reste de la division de ce nombre donné par 11.

12. Tout nombre divisible par 3 et par 4, est divisible par 12.

13. Pour trouver si un nombre est divisible par 13, il faut le partager par tranches de trois chiffres, après en avoir retranché le chiffre des unités, et multiplier alors le premier chiffre à droite par 3, le deuxième par 4 et le troisième par 1, et ainsi pour chaque tranche. On fait ensuite la somme des produits des tranches paires et celle des produits des tranches impaires en prenant le chiffre des unités comme une tranche. Si la différence de ces deux sommes est 0 ou un multiple de 13, le nombre est divisible par 13.

Mais si la différence n'est pas un multiple de 13, et que la somme des produits des tranches impaires soit la plus forte, le reste de la division de cette différence par 13 serait le reste de la division du nombre donné, par 13; si c'est la somme des produits des tranches paires qui est la plus forte, autant il manque en divisant cette différence par 13, autant il resterait en divisant le nombre donné par 13.

Soit, par exemple, 86,795,321. Pour reconnaître s'il est divisible par 13, je dispose ainsi l'opération : 8,679, 532,1.

| | | | |
|---|---|---|---|
| Produits des tranches impaires | $9 \times 3 = 27$ | $2 \times 3 = 6$ | produits des tranches paires. |
| | $7 \times 4 = 28$ | $3 \times 4 = 12$ | |
| | $6 \times 1 = 6$ | $5 \times 1 = 5$ | |
| Premier chiffre à droite | $= 1$ | $8 \times 3 = 24$ | |
| | 62 | 47 | |

$$62 - 47 = 15,\ 15 : 13 = 1, \text{ et reste } 2.$$

2 est le reste de la division, parce que la somme des produits des chiffres des tranches impaires est plus forte que celle des produits des tranches paires.

Et en effet $\dfrac{86795321}{13} = 6676563 + \dfrac{2}{13}$

14. Un nombre est divisible par 14, s'il est divisible par 2 et par 7.

15. Un nombre est divisible par 15, quand il est divisible par 3 et par 5.

16. Pour reconnaître si un nombre est divisible par 16, il suffit de s'assurer si les quatre premiers chiffres à droite sont divisibles par 16.

Ou bien encore, prenez les deux premiers chiffres à droite, plus quatre fois le reste que vous obtenez en divisant le troisième par 4, ou plus 8 si le quatrième est un chiffre impair. Pour que le nombre donné soit un multiple de 16, le total doit être un multiple de 16; s'il ne l'est pas, le reste que l'on obtient est le même que celui qu'on obtiendrait en divisant le nombre donné par 16.

17. Pour reconnaître quand un nombre est divisible par 17, il faut procéder ainsi : Partagez le nombre par tranches de 2 chiffres, en commençant par la droite; puis, commençant par la tranche à gauche, doublez le deuxième chiffre de cette tranche et *retranchez-en* le deuxième chiffre de la tranche suivante; doublez le résultat que vous avez obtenu, et *ajoutez-y* le deuxième chiffre de la tranche suivante, et ainsi de suite, doublant toujours le résultat, et retranchant de ce résultat le deuxième chiffre des tranches paires et y ajoutant le deuxième chiffre des tranches impaires jusqu'à l'épuisement des chiffres du nombre donné, ayant soin de retrancher 17 toutes les fois que le résultat le contient. Cela fait, doublez le résultat final. Ensuite, prenez le premier chiffre de la première tranche à gauche, que vous supposez être 0, si cette tranche n'avait qu'un chiffre, et opérez ainsi que nous avons fait précédemment, c'est-à-dire, doublez ce premier chiffre de la première tranche, et retranchez de ce produit le premier chiffre de la tranche suivante; doublez le résultat, ajoutez-y le premier chiffre de la tranche suivante, la troisième, et ainsi de suite jusqu'à l'épuisement de tous les chiffres. Alors triplez le résultat final, ajoutez-y le résultat déjà obtenu, et retranchez de cette somme le nombre 17 autant de fois qu'il y est contenu, ou divisez-le par 17.

Si 17 est contenu dans ce résultat un nombre exact de fois, le nombre est divisible par 17.

Si 17 n'y est pas exactement contenu un certain nombre de fois, divisez le reste par 2, et le quotient sera le reste de la division du nombre donné par 17. Si le reste est impair, ajoutez-y 17, divisez par 2, et vous aurez pour quotient le nombre qu'il faudrait ajouter au nombre donné pour qu'il fût divisible par 17.

Ou bien encore, prenez la plus petite moitié du reste, plus 9, et vous aurez le même résultat.

Appuyons cette démonstration sur des exemples : soit le nombre 4,782,969.

Nous pourrons disposer l'opération ainsi : $\breve{0}\dot{4}, \breve{7}\dot{8}, \breve{2}\dot{9}, \breve{6}\dot{9}$.
$\quad + \quad - \quad + \quad -$

$4 \times 2 = 8$
$-8$
$= 0 \times 2 = 0$
$+9$
$= 9 \times 2 = 18$
$-9$
$= 9$

$0 \times 2 = 0$
$-7$
$= -7 \times 2 = -14$
$+2$
$= -12 \times 2 = -24$
$-6$
$= -30 - 17 = -13$

$3 \times -13 = -39$
$2 \times 9 = 18$

$-39 + 18 = -21$

$-21 + 17 = -4$

$$\frac{-4}{2} = -2$$

Je sépare les chiffres par tranches de deux en commençant par la droite, et, comme la dernière tranche à gauche n'a qu'un chiffre, j'y ajoute un 0 pour la compléter; je distingue les chiffres de rangs pairs par le signe •, les chiffres de rangs impairs par le signe ⌣ que j'écris au dessus; puis, je prends le chiffre significatif 4 de rang pair, je le double, et du produit 8, je retranche le chiffre de rang pair de la tranche suivante, 8, j'ai pour reste 0; je double ce reste, j'ai 0; j'y ajoute le chiffre de rang pair de la tranche impaire, 9, je double ce résultat, et du produit 18 je retranche le chiffre de rang paire de la tranche paire, 9, j'ai pour résultat + 9. Les chiffres du nombre donné étant épuisés, je double ce résultat final, et j'obtiens 18. Je procède de même sur les chiffres de rangs impairs, en commençant par 0, qui représente un chiffre manquant pour compléter la tranche, retranchant le chiffre de rang impair des tranches paires, ajoutant le chiffre de rang impair des tranches paires, et ainsi de suite. J'arrive de cette manière au résultat — 30. J'en retranche 17, et j'ai pour résultat final — 13. Je triple ce résultat, et j'ai — 39.

— 39 ajouté à + 18, double du résultat final de la première opération, donne — 21. De — 21, je retranche 17, j'ai — 4; — 4, divisé par 2, égale — 2. C'est donc 2 qui manquent au nombre donné pour qu'il soit divisible par 17, ou, en d'autres termes, en divisant le nombre donné par 17, il reste 2.

Et en effet, 4,782,969, divisé par 17, donne pour quotient 281,351, et pour reste, 2.

Répétons cette opération sur un autre nombre.

Soit 148,975,389,723. Opérant d'après les principes ci-dessus posés, je dispose ainsi mon opération :

```
                    14,89,75,38,97,23.
                    +  -  +  -  +  -

1×2=2                        4×2=8
   -8                           -9
 =-6×2=-12                    =-1×2=-2
        +7                          +5
      =-5×2=-10                    =3×2=6
              -3                       -8
            =-13×2=-26+17=-9         =-2×2=-4
                           +9              +7
                          =0×2=0         =  3×2=6
                               -2              -3
                              =-2              =3

                  3 × 2 =   6
                - 2 × 3 = - 6
                  6 - 6 =   0
```

Le reste étant 0, le nombre est donc divisible par 17.

Autre Formule. Pour reconnaître si un nombre est divisible par 17, partagez-le par tranches de trois chiffres comme pour le lire; prenez-le troisième chiffre sur la droite de la première tranche à gauche, et triplez-le; et, passant d'une tranche à l'autre, retranchez le troisième chiffre des tranches paires et ajoutez le troisième chiffre des tranches impaires, toujours après avoir triplé le résultat, et ayant soin de retrancher le nombre 17 toutes les fois qu'il est contenu dans un résultat. On opère de même sur le second et sur le premier chiffre de la première tranche. Puis on double le premier résultat final, on triple le deuxième et on quadruple le troisième. On fait la somme des deux premiers résultats, et l'on retranche de cette somme le troisième. Pour que le nombre soit divisible par 17, il faut que le reste soit 0 ou un multiple de 17.

S'il y a un reste, prenez-en la moitié, et cette moitié sera le reste du nombre donné divisé par 17. Si le reste n'était pas divisible par 2, prenez-en la plus petite moitié, plus 9, et vous aurez le reste de la division par 17, si la somme des deux premiers produits est la plus forte. Si c'est le troisième produit qui est le plus fort, vous aurez ce qui manque au nombre donné pour qu'il soit divisible par 17.

Appliquons cette formule à un nombre quelconque : soit 129,140,163.

Je dispose l'opération ainsi : 129,1 4 0, 1 6 3.
- - - + + +

9×3=27
−0
=27
−17
=10×3=30
+3
=33
−17
=16

2×3=6
−4
=2×3=6
+6
=12

1×3=3
−1
=2×3=6
+1
=7

16 × 2 = 32 premier produit.
12 × 3 = 36 deuxième produit.
7 × 4 = 28 troisième produit.

32+36=68
68−28=40

$\frac{40}{17} = + \frac{6}{17}$ $\qquad \frac{6}{2} = 3$

donc 3 est le reste de la division de 129,140,163 par 17, la somme des deux produits étant la plus forte.

Après avoir divisé le nombre par tranches de trois chiffres, prenant le premier chiffre à droite de la première tranche à gauche, 9, je le triple et j'ai 27; j'en retranche le premier chiffre à droite de la tranche paire, la suivante, 0, j'ai pour résultat 27. De ce nombre, je retranche 17, et j'ai pour résultat nouveau 10; je triple 10, j'ai 30; j'y ajoute le premier chiffre à droite de la tranche impaire, 3, et j'ai 33; j'en retranche 17, puisqu'il y est contenu, et j'ai pour reste 16. Ayant épuisé les chiffres de cette série, je passe à la suivante.

Je prends le deuxième chiffre de la première tranche à gauche, 2, je le triple, et j'ai 6; j'en retranche le deuxième chiffre de la tranche suivante, 4, et j'ai pour résultat 2, que je triple. J'ai de nouveau 6, et à ce résultat j'ajoute 6, deuxième chiffre de la tranche impaire, ce qui donne 12.

Les chiffres de cette série étant épuisés, je passe à la série suivante, c'est-à-dire, je prends le premier chiffre à gauche de la première tranche à gauche, 1, que je triple : ce qui donne 3; j'en retranche le premier chiffre à gauche de la tranche paire suivante, 1, et j'ai pour résultat 2 que je triple; j'ai alors pour produit 6, auquel j'ajoute le premier chiffre à gauche de la tranche impaire suivante, 1, ce qui donne 7.

Les chiffres de cette dernière série sont épuisés; alors je double le premier résultat, 16, et j'ai 32.

Je triple le deuxième, 12, et j'ai 36.

Je quadruple le troisième, 7, et j'ai 28.

Je fais la somme des deux premiers $32 + 36 = 68$. Je retranche de cette somme le troisième produit, 28, et j'ai pour reste 40. Je retranche de ce nombre, 17 autant de fois qu'il y est contenu, et j'ai pour reste 6. Le nombre n'est donc pas divisible par 17.

Si je veux avoir le reste de la division du nombre donné par 17, je divise le reste, 6, par 2, et le quotient 3 est le reste demandé, la somme des deux premiers produits étant la plus forte.

18. Un nombre est divisible par 18, quand il est divisible par 2 et par 9.

19. Pour trouver si un nombre est divisible par 19, il suffit de doubler le premier chiffre à droite, d'ajouter le second, de doubler le total, d'ajouter le troisième, de doubler ce résultat, d'ajouter le quatrième, et ainsi de suite jusqu'à ce qu'on ait épuisé tous les chiffres du nombre, ayant soin de retrancher 19 ou 38, son multiple, chaque fois qu'il est contenu dans un résultat. Si le reste est 0, le nombre est divisible par 19. Si le reste n'est pas 0, on a le reste de la division du nombre donné par 19, en prenant la moitié du résultat final autant de fois moins 1 qu'il y a de chiffres dans le nombre donné; et, quand le nombre est impair, on prend la plus petite moitié, et l'on ajoute 10.

Soit le nombre 129,140,163.

Je dispose ainsi l'opération : 12914016,3.

```
3×2= 6
    + 6
    =12×2=24
          + 1
          =25
          —19
          = 6×2=12
                + 0
                =12×2=24
                      + 4
                      =28
                      —19
                      = 9×2=18
                            + 1
                            =19
                            —19
                            = 0×2=0
                                  +9
                                  =9×2=18
                                       + 2
                                       =20
                                       —19
                                       = 1×2=2
                                             +1
                                             =3
```

3 étant le résultat final, le nombre n'est pas divisible par 19.

Si je veux maintenant avoir le reste de la division du nombre donné par 19, j'opère ainsi qu'il a été dit, c'est-à-dire, je prends la moitié autant de fois moins 1, qu'il y a de chiffres dans le nombre donné. Il y a neuf chiffres, je prends la moitié du résultat neuf fois moins 1, c'est-à-dire huit fois.

Mais le résultat final est impair, je devrai donc prendre la plus petite moitié, plus 10. Je pourrai alors disposer ainsi mon opération :

3<br>
— = 1<br>
2 + 10<br>
= 11<br>
— = 5<br>
2 + 10<br>
= 15<br>
— = 7<br>
2 + 10<br>
= 17<br>
— = 8<br>
2 + 10<br>
= 18<br>
— = 9<br>
2 — = 4<br>
2 + 10<br>
= 14<br>
— = 7<br>
2 — = 3<br>
2 + 10<br>
= 13

13 est le reste de la division du nombre donné par 19.

20. Un nombre est divisible par 20, quand le nombre exprimé par les deux premiers chiffres à droite est divisible par 20.

Si le nombre n'est pas divisible par 20, le reste que l'on obtient en divisant le nombre exprimé par ces deux chiffres à droite est le reste de la division du nombre donné par 20.

21. Tout nombre divisible par 3 et par 7 est divisible par 21. On peut encore reconnaître si un nombre est divisible par 21 en procédant ainsi :

Prenez le chiffre des unités et doublez-le; retranchez du produit le chiffre de rang pair; doublez le résultat; ajoutez-y le chiffre de rang impair, et ainsi de suite, jusqu'à ce que vous ayez épuisé tous les chiffres, ayant soin de retrancher 21 ou ses multiples toutes les fois qu'il est contenu dans un résultat. Si le résultat final est 0 ou un multiple de 21, le nombre est divisible par 21. S'il ne l'est pas et que vous désiriez avoir le reste, prenez la moitié du résultat final autant de fois moins 1 qu'il y a de chiffres dans le nombre donné, c'est-à-dire autant de fois que vous doublez le premier chiffre. Quand ce résultat final est un nombre impair, on divise par 2 autant de fois moins 1 qu'il y a de chiffres dans le nombre donné, et l'on ajoute 10, chaque fois que la division par 2 ne peut s'effectuer exactement, ainsi que nous l'avons fait pour trouver le reste de la division par 19.

Exemple : soit le nombre 85,766,121.

Je dispose l'opération ainsi : 8 5 7 6 6 1 2, 1, (marques : . + . + . + . ×)

```
1×2=2
  −2
  =0×2=0
      +1
      =1×2=2
          −6
          =−4×2=−8
                +6
                =−2×2=− 4
                      − 7
42                    =−11×2=−22
── = 2                       + 5
21                           =−17 × 2 = − 34
                                        − 8
                                      = − 42
```

42 étant un multiple de 21, le nombre 85,766,121 est divisible par 21.

22. Tout nombre divisible par 2 et par 11 est divisible par 22.

23. Pour reconnaître si un nombre est divisible par 23, il faut le partager par tranches de deux chiffres en commençant par la droite; puis, prenant le premier chiffre à droite, vous le triplez et y ajoutez le chiffre du rang impair suivant; vous retranchez 23 chaque fois et autant de fois qu'il est contenu dans les résultats, et ainsi de suite jusqu'à l'épuisement des chiffres de rang impair; vous opérez de même sur le second chiffre, ajoutant alors les chiffres de rang pair. Vous doublez le résultat final des chiffres des rangs impairs, c'est-à-dire de la première opération, et vous triplez le deuxième résultat; la différence de ces deux produits doit être 0 ou un multiple de 23 pour que le nombre soit divisible par 23.

Appuyons ce principe sur un exemple : soit 19,948,521.

Je dispose l'opération ainsi :

```
                        . ‿ . ‿ . ‿ × ×
                        1 9,9 4,8 5,2 1
1×3=3                   2×3= 6
  +5                       + 8
  =8×3=24                  =14×3=42
       + 4                      + 9
       =28                      =51−2,23=5×3=15
       −23                                + 1
       = 5×3=15           deuxième produit = 16
            + 9
            =24
            −23
            = 1 premier produit.
```

16 × 3 = 48
1 × 2 = 2
48 — 2 = 46

Or, 46 est multiple de 23, donc le nombre est divisible par 23.

1, chiffre des unités, étant triplé ou multiplié par 3 = 3, + 5 = 8, que je multiplie aussi par 3, j'ai 24, + 4 = 28, qui contient 23 plus 5 ; 5 multiplié par 3 = 15, j'y ajoute 9 et j'ai 24 ; je retranche 23 et j'ai pour reste 1. 1 est le résultat final, puisque j'ai épuisé la série des chiffres des rangs pairs. Je fais la même opération sur le chiffre des dizaines 2, et j'ai pour résultat final, 16. Je multiplie 16 par 3, et 1 par 2, ainsi qu'il a été dit. Je fais la différence des deux produits 48 et 2, et j'ai pour résultat 46 qui est un multiple de 23, puisque 46 contient exactement deux fois 23. Donc le nombre 19,948,521 est divisible par 23.

Mais il se pourrait que le reste ne fût pas un multiple de 23, et que, par conséquent, le nombre donné ne fût pas lui-même divisible par 23. Si nous voulions avoir le reste de la division du nombre donné par 23, nous prendrions la moitié du reste, et cette moitié serait le reste de la division; mais si ce nombre était impair, on n'en pourrait pas prendre exactement la moitié. Alors on procéderait ainsi : on prendrait la plus petite moitié du reste, plus 12; puis le tiers de ce résultat autant de fois moins 1 que le nombre renferme de tranches de 2 chiffres. Quand le tiers ne pourrait pas être pris exactement, on prendrait le plus petit tiers, et l'on ajouterait au résultat autant de fois 8 qu'il resterait d'unités. Le résultat final de cette opération serait le reste de la division du nombre par 23, si c'est le résultat de l'opération des chiffres des rangs impairs qui est le plus grand ; ce serait au contraire ce qui manque au nombre pour qu'il fût divisible par 23, si c'est l'opération des chiffres des rangs pairs qui donne le plus grand résultat.

Appuyons-nous encore sur un exemple : Le nombre 19,948,538 est-il divisible par 23? et s'il ne l'est pas, donnez le reste.

Je dispose ainsi l'opération :

××
19,94,85,38

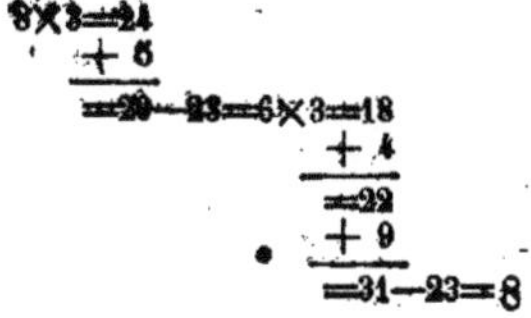
8×3=24
+ 5
=29—23=6×3=18
+ 4
=22
+ 9
=31—23=8

$$
\begin{array}{l}
3 \times 3 = 9 \\
\quad + 8 \\
\quad = 17 \times 3 = 51 \\
\qquad\qquad + 9 \\
\qquad\qquad = 60 - 2.23 = 14 \times 3 = 42 \\
\qquad\qquad\qquad\qquad\qquad + 1 \\
\qquad\qquad\qquad\qquad\qquad = 43 - 23 = 20
\end{array}
$$

$$
\begin{array}{l}
8 \times 2 = 16 \\
20 \times 3 = 60 \\
60 - 16 = 44 \\
44 - 23 = 21
\end{array}
$$

Par le reste 21, on voit que le nombre donné n'est pas divisible par 23. Il s'agit donc de trouver le reste de la division du nombre donné par 23. D'après ce qui a été dit précédemment, je prends la moitié de 21 ; mais cette moitié ne peut être prise exactement, puisque 21 n'est pas multiple de 2; je prends la plus petite moitié, 10, et j'y ajoute 12, ce qui égale 22. Je prends alors le tiers de ce nombre autant de fois moins 1 qu'il y a de tranches dans le nombre donné, ayant soin d'ajouter autant de fois 8 qu'il y a d'unités au dessus du plus grand multiple de 3 contenu dans le nombre : le tiers de 22 est de 7 pour 21 ; il y a une unité de plus, j'ajoute à 7 une fois 8, ce qui donne 15 ; le tiers de 15 est de 5 juste ; je prends le tiers de 5 qui est de 1, et il reste 2, c'est donc deux fois 8 qu'il faut ajouter à 1, ce qui donne 17. Et 17 est en effet le reste de la division de 19,948,538 par 23.

Deuxième Formule. Il est une autre formule se rapprochant beaucoup de celles que nous avons données pour 17, 19 et 21 ; elle n'est pas aussi simple que cette dernière, mais elle n'est pas moins curieuse. Elle consiste à partager le nombre par tranches de trois chiffres comme pour le lire, à doubler le premier chiffre à droite de la tranche de droite, à retrancher le premier chiffre de la tranche paire suivante, à doubler le reste, à ajouter le premier chiffre de la tranche impaire suivante, à doubler la somme, à retrancher le premier chiffre de la deuxième tranche paire, et ainsi de suite jusqu'à l'épuisement des premiers chiffres de toutes les tranches, ayant soin de retrancher 23 ou ses multiples chaque fois qu'il est contenu dans un résultat. On opère de même sur le second et sur le troisième chiffre de la première tranche, retranchant les deuxième et troisième chiffres des tranches paires et ajoutant les deuxième et troisième chiffres des tranches impaires. Puis, on multiplie le résultat de la première opération par 5, celui de la seconde par 4 et celui de la troisième par 6. On additionne les deux premiers et on cherche la différence qui existe entre la somme des deux premiers et le troisième. Si cette différence est 0 ou un multiple de 23, le nombre donné est divisible par 23.

Exemple : Le nombre 3,404,825,447 est-il divisible par 23?
Je dispose ainsi l'opération :

```
                    − − − + + + − − − + + +
                    0 0 3,4 0 4,8 2 5,4 4 7

7 × 2 = 14           4 × 2 = 8            4 × 2 = 8
      − 5                − 2                  − 8
    = 9 × 2 =18          = 6 × 2 =12          = 0 × 2 = 0
             + 4                  + 0                  + 4
             =22 × 2 =44          =12 × 2 =24          = 4 × 2 = 8
                      − 3                  − 0                  − 0
                      =41 − 23 = 18        =24 − 23 = 1         = 8

          18 × 5 = 90                 90 +  4 = 94
           1 × 4 =  4                 94 − 48 = 46
           8 × 6 = 48                 46 : 23 =  2
```

46 étant multiple de 23, le nombre est divisible par 23.

24. Un nombre est divisible par 24, s'il est divisible par 3 et par 8.

25. Un nombre est divisible par 25, quand le nombre exprimé par les deux premiers chiffres à droite est divisible par 25.

26. Tout nombre divisible par 2 et par 13 est lui-même divisible par 26.

27. Pour reconnaître si un nombre est divisible par 27, il faut séparer ce nombre par tranches de trois chiffres comme pour le lire; faire la somme des premiers chiffres, à droite de chaque tranche, celle des seconds chiffres et celle des troisièmes chiffres de chaque tranche; puis ajouter à la somme des seconds chiffres autant de fois 9 qu'il reste d'unités en la divisant par 3, et à la somme des troisièmes autant de fois 9 qu'il manque d'unités pour qu'elle soit divisible par 3. Pour que le nombre donné soit divisible par 27, il faut que la somme des trois résultats soit divisible par 27. Si elle ne l'était pas, le reste que l'on obtiendrait serait le reste de la division du nombre donné par 27.

Exemple : soit le nombre 134,217,728.

Je divise le nombre par tranches de trois chiffres de cette manière : 1̄3̇4̆,2̄1̇7̆,7̄2̇8̆

Et je fais la somme des premiers. 8 + 7 + 4 = 19.
La somme des seconds. . . . . 2 + 1 + 3 = 6.
La somme des troisièmes. . . . . 7 + 2 + 1 = 10.

La seconde somme, 6, est divisible par 3, exactement; j'ajoute donc 0 à ce résultat; la troisième, 10, n'est pas divisible, il faudrait deux unités en plus pour qu'elle le fût; j'y ajoute donc deux fois 9 ou 18, ce qui donne 28.

J'ai maintenant 28 + 19 + 6 = 53.

Or 53 n'est pas divisible exactement par 27, il reste 26; donc le nombre donné 134,217,728 n'est pas divisible par 27, et le reste de la division de ce nombre par 27 est 26.

28. Si un nombre est divisible par 4 et par 7, il est divisible par 28.

29. Pour reconnaître si un nombre est divisible par 29, triplez le chiffre des unités, ajoutez au produit la valeur absolue du chiffre des dizaines, triplez le résultat, ajoutez la valeur absolue du chiffre suivant, et ainsi de suite; ayant soin de retrancher 29 ou ses multiples autant de fois qu'il est contenu dans un résultat. Si le résultat final est 0 ou un multiple de 29, le nombre donné est divisible par 29.

Exemple : 747,479,321 est-il divisible par 29?

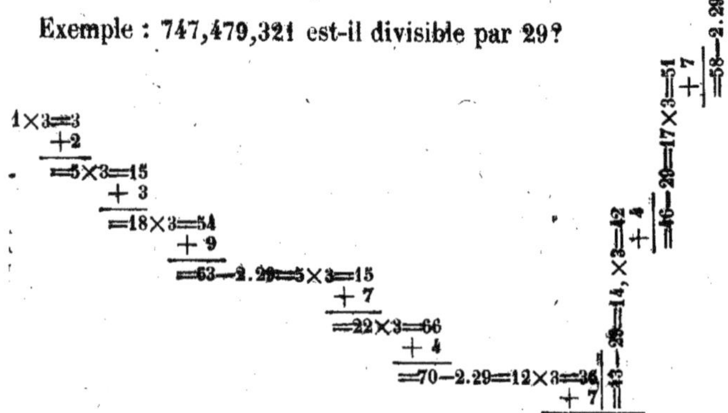


58, dernier résultat, est divisible par 2.29 exactement, le nombre donné 747,479,321 est divisible par 29. S'il ne l'était pas, le reste serait le reste de la division de ce nombre par 29.

Deuxième Formule. — On peut encore reconnaître qu'un nombre est divisible par 29 de cette manière : Partagez ce nombre par tranches de trois chiffres comme pour le lire; puis, commençant par la droite, doublez le premier chiffre, retranchez du résultat le premier chiffre à droite de la tranche paire suivante; doublez le résultat; ajoutez le premier chiffre de la tranche impaire, et ainsi de suite. Opérez de même pour le deuxième et le troisième chiffre de la première tranche. Alors triplez le résultat de l'opération faite sur le premier chiffre, ajoutez-y le second résultat, triplez ce total, ajoutez-y le troisième, et ce dernier total doit être divisible par 29, pour que le nombre lui-même soit divisible par 29.

S'il ne l'est pas, prenez-en deux fois le tiers et ajoutez autant de fois 10 qu'il reste d'unités à chaque opération; ensuite prenez la moitié du résultat, et ajoutez 15, quand le nombre est impair, autant de fois moins 1 qu'il y a de tranches dans le nombre donné, et l'on obtient ainsi le reste de la division du nombre par 29.

**Exemple** : Le nombre 1,679,616 est-il divisible par 29?

$$\text{J'ai } \overset{+++}{001}\,,\overset{---}{679}\,,\overset{\times\times\times}{616}$$

$$\begin{array}{lll} 6 \times 2 = 12 & 1 \times 2 = 2 & 6 \times 2 = 12 \\ \quad -9 & \quad -7 & \quad -6 \\ \quad = 3 \times 2 = 6 & \quad = -5 \times 2 = -10 & \quad = 6 \times 2 = 12 \\ \qquad\qquad +1 & \qquad\qquad +0 & \qquad\qquad +0 \\ \qquad\qquad = 7 & \qquad\qquad = -10 & \qquad\qquad = 12 \end{array}$$

$$\begin{array}{r} 7 \times 3 = 21 \\ 21 + -10 = 11 \\ 11 \times 3 = 33 \\ 33 + 12 = 45 \end{array} \qquad \frac{45}{29} = 1 \text{ et il reste } 16$$

45 n'étant pas multiple de 29, le nombre donné 1,679,616 n'est pas divisible par 29.

Si je veux le reste de la division du nombre donné par 29, opérant ainsi qu'il a été dit :

J'ai $\frac{16}{3} = 5$, et il reste 1. C'est donc une fois 10 qu'il faut ajouter à 5; ce qui donne 15.

$$\frac{15}{3} = 5$$

Alors j'ai :

$$\frac{5}{2} = 2, + 15 = 17 \qquad \frac{17}{2} = 8, + 15 = 23$$

23 est donc le reste de la division de 1,679,616 par 29.

30. Tout nombre divisible par 3 et par 10 est divisible par 30.

31. Pour reconnaître quand un nombre est divisible par 31, commençant par la droite, triplez la valeur absolue du premier chiffre, retranchez-en la valeur absolue du second; triplez le ré-

sultat, ajoutez-y le troisième, et ainsi de suite, triplant toujours le résultat et retranchant la valeur absolue des chiffres des rangs pairs, et ajoutant la valeur absolue des chiffres des rangs impairs; ayant soin de retrancher 31 ou ses multiples quand il est contenu dans un résultat. Si le dernier résultat est multiple de 31 ou 0, le nombre est divisible par 31.

Soit 3,989,567 à diviser par 31.

$$7 \times 3 = 21$$
$$-\ 6$$
$$= 15 \times 3 = 45$$
$$+\ 5$$
$$= 50 - 31 = 19 \times 3 = 57$$
$$-\ 9$$
$$= 48 - 31 = 17 \times 3 = 51$$
$$+\ 8$$
$$= 59 - 31 = 28 \times 3 = 84$$
$$-\ 9$$
$$= 75 - 2.31 = 13 \times 3 = 39 + 3 = 42 - 31 = 11$$

11 n'étant pas un multiple de 31, le nombre donné n'est pas divisible par 31.

Maintenant, si l'on veut obtenir le reste de la division du nombre 3,989,567, par 31, on prend du résultat final 11 le tiers autant de fois moins 1 qu'il y a de chiffres dans le nombre donné, et quand le tiers ne peut pas être pris exactement, on ajoute au résultat autant de fois 10 qu'il manque d'unités pour que le nombre sur lequel on opère soit un multiple de 3.

Exemple : 11 étant le résultat final, j'ai

$$\frac{11}{3} = 4 + 10 = 14$$
$$\frac{14}{3} = 5 + 10 = 15$$
$$\frac{15}{3} = 5$$
$$\frac{5}{3} = 2 + 10 = 12$$
$$\frac{12}{3} = 4$$
$$\frac{4}{3} = 2 + 2.10 = 22$$

22 est le reste de la division du nombre donné par 31.

32. Pour reconnaître si un nombre est divisible par 32, prenez le nombre exprimé par les deux premiers chiffres à droite, ajoutez-y quatre fois le troisième, plus huit fois le reste, que l'on obtient en divisant le quatrième chiffre par 4, plus 16 si le cinquième chiffre est impair. Si ce total est divisible par 32, le nombre donné est divisible par 32. S'il ne l'est pas, le reste que l'on trouve est le reste de la division du nombre donné par 32.

Exemple : Soit à trouver si le nombre 87,678,934 est divisible par 32.

Je prends les deux premiers chiffres à droite. . . . . . 34
J'y ajoute le produit du troisième, 9, par 4; 9 × 4 = 36
Plus huit fois le reste de la division du quatrième, 8,
par 4; $\frac{8}{4}$ = 2 juste. 0 × 8 = . . . . . . . . . . . . 0
Et enfin le cinquième chiffre 7 étant impair, j'y ajoute 16 16
Je fais la somme de ces nombres et j'ai. . . . . . . . . . 86

86 divisé par 32 donne pour quotient 2 et pour reste 22; le nombre 87,678,934 n'est donc pas divisible par 32, et le reste de ce nombre divisé par 32 est 22.

Prenons un autre exemple : 2,006,025,888 est-il divisible par 32?

Je prends les deux premiers chiffres à droite. . . . . . 88
Plus quatre fois le troisième, 4 × 8 = . . . . . . . . . . 32
Plus huit fois le reste de la division du quatrième
par 4; $\frac{5}{4}$ = 1 et il reste 1; 8 × 1 = . . . . . . . . . 8
Le cinquième chiffre étant pair, on n'ajoute pas le nombre 16. . . . . . . . . . . . . . . . . . . . . . . . . .
Nous avons donc pour total. . . . . . . . . . . . . . . . 128

128 : 32 = 4 exactement, le nombre 2,006,025,888 est donc divisible par 32.

33. Tout nombre divisible par 3 et par 11, est divisible par 33.

34. Un nombre est divisible par 34, s'il est divisible par 2 et par 17.

35. Un nombre est divisible par 35, quand il est divisible par 5 et par 7.

36. Tout nombre est divisible par 36, s'il est divisible par 4 et par 9.

37. Pour reconnaître si un nombre est divisible par 37, séparez le nombre par tranches de trois chiffres comme pour le lire; faites la somme des premiers chiffres (valeur absolue) de chaque tranche et multipliez cette somme par 4; faites la somme des seconds chiffres (valeur absolue) de chaque tranche et multipliez cette somme par 3; faites la somme des troisièmes chiffres (valeur abs.) de chaque tranche et multipliez cette somme par 7. Alors ajoutez ensemble les deux premiers produits et faites la différence entre la somme de ces deux produits et le troisième. Si cette différence est 0 ou un multiple de 37, le nombre est divisible par 37.

Exemple : Soit le nombre 918,695,348 à diviser par 37.

Je dispose ainsi l'opération : 918,695,348.

| | | |
|---|---|---|
| 8 + 5 + 8 = 21 | 21 × 4 = 84 | 84 + 42 = 126 |
| 4 + 9 + 1 = 14 | 14 × 3 = 42 | 126 — 126 = 0 |
| 3 + 6 + 9 = 18 | 18 × 7 = 126 | |

Le nombre est donc divisible par 37.

Si le reste n'était pas 0, ou 37, ou un multiple de 37, le nombre ne serait pas divisible par 37, et le reste s'obtiendrait en prenant le plus grand quart du reste et y ajoutant autant de fois 9 qu'il manquerait d'unités pour que ce reste fût exactement divisible par 4. Si le troisième produit était plus fort que la somme des deux premiers produits, au lieu du reste, on obtiendrait ce qui manquerait au nombre pour qu'il fût divisible par 37.

Exemple : Soit 918,695,325.

Je dispose ainsi l'opération : 918,695,325.

| | | |
|---|---|---|
| 5 + 5 + 8 = 18 | 18 × 4 = 72 | 72 + 36 = 108 |
| 2 + 9 + 1 = 12 | 12 × 3 = 36 | 126 — 108 = 18 |
| 3 + 6 + 9 = 18 | 18 × 7 = 126 . | |

18 étant le reste, le nombre n'est pas divisible par 37.

Suivant le principe donné plus haut pour avoir le reste, ou ce qui manque au nombre pour qu'il soit divisible par 37, le dernier produit étant plus fort que la somme des deux premiers, nous prendrons le plus grand quart de 18; $\frac{18}{4} = 5$; mais 5 est le quart de 20 et non de 18; or, comme de 18 à 20 il y a deux unités, j'ajouterai à 5, deux fois 9 ou 18; 18 + 5 = 23. 23 est donc ce qui manque au nombre pour qu'il soit exactement divisible par 37; ou si l'on veut, 14 (c'est-à-dire 37 — 23), est le reste de la division du nombre donné par 37.

38. Un nombre est divisible par 38 s'il est divisible par 2 et par 19.

39. Tout nombre divisible par 3 et par 13 est lui-même divisible par 39.

40. Un nombre est divisible par 40 quand le dernier chiffre à droite est 0 et que le nombre exprimé par les deux chiffres suivants est divisible par 4.

Si le nombre n'était pas terminé par 0, en retranchant le dernier chiffre à droite, divisant par 4 le nombre exprimé par les deux suivants, et ajoutant au reste que l'on obtient le chiffre primitivement retranché à droite, on aurait le reste de la division du nombre donné par 40.

Cela est trop simple pour avoir besoin d'être appuyé sur des exemples.

41. Pour reconnaître si un nombre est divisible par 41, prenez le premier chiffre à droite et multipliez-le par 4; retranchez les chiffres (valeur absolue toujours) des rangs pairs, multipliez ce nouveau résultat par 4, et ajoutez-y les chiffres des rangs impairs, et ainsi de suite : multipliant les résultats par 4, retranchant les chiffres des rangs pairs et ajoutant les chiffres des rangs impairs, jusqu'à l'épuisement de tous les chiffres du nombre donné, ayant soin de retrancher 41 ou ses multiples chaque fois qu'il est contenu dans un résultat.

Si le résultat final est 0 ou un multiple de 41, le nombre donné est divisible par 41.

S'il ne l'est pas et qu'on veuille obtenir le reste de la division du nombre donné par 41, il faut prendre le plus grand quart du résultat final autant de fois moins 1 qu'il y a de chiffres dans le nombre donné, ajoutant 10 autant de fois qu'il manque d'unités pour que le résultat soit divisible par 4 exactement.

Appuyons-nous sur un exemple :

Soit le nombre 268,435,456 à diviser par 41.

```
                               + - + - + - + -  ×
Je dispose l'opération ainsi : 2 6 8 4 3 5 4 5 , 6.

6×4=24
   — 5
   ───
   =19×4=76
         + 4
        ────
        =80—41=39×4=156
                    — 5
                   ────
                   =151—3.41=28×4=112
                                + 3
                               ────
                               =115—2.41=33×4=132
                                              — 4
                                             ────
                  *=5×4=20                   =128—3.41*
                      + 8
                     ────
                     =28×4=112
                         — 6
                        ────
                        =106 - 2.41=24×4=96
                                        + 2
                                       ────
                                       =98—2.41=16
```

16 étant le résultat final et n'étant pas divisible par 41, le nombre donné n'est pas divisible par 41.

Pour obtenir le reste de la division de ce nombre par 41, il faut donc, d'après ce qui a été dit, faire l'opération suivan te :

$$\frac{16}{4}=4 \qquad \frac{4}{4}=1 \qquad \frac{1}{4}=1+3.10=31 \qquad \frac{31}{4}=8+1.10=18 \qquad \frac{18}{4}=5+2.10=25$$

$$\frac{25}{4}=7+3.10=37 \qquad \frac{37}{4}=10+3.10= =40 \qquad \frac{40}{4}=10$$

Le nombre donné ayant neuf chiffres, j'ai pris le quart autant de fois moins 1 qu'il y a de chiffres, c'est-à-dire huit fois; et, le dernier reste, 10, doit être le reste de la division du nombre donné 268,435,456 par 41.

En effet, si je divise 268,435,456 par 41, j'ai pour quotient 6,547,206, et pour reste 10.

42. Tout nombre divisible par 6 et par 7 est divisible par 42.

43. Pour reconnaître quand un nombre est divisible par 43, il faut le partager par tranches de deux chiffres en commençant par la droite; puis prendre le premier chiffre à droite de la première tranche à droite et le tripler; retrancher du produit le premier chiffre de la tranche impaire suivante et multiplier le résultat par 3; ajouter le premier chiffre de la tranche paire suivante, et ainsi de suite, jusqu'à ce que soient épuisés tous les chiffres du nombre donné, ayant soin de retrancher 43 autant de fois qu'il est contenu dans un résultat. Passant au deuxième chiffre de la première tranche à droite, on opère de la même manière. Alors on multiplie le premier résultat final par 4 et le deuxième par 3, et on fait la différence entre ces deux produits.

Si le reste est un 0 ou un multiple de 43, le nombre est divisible par 43.

Si le nombre n'est pas divisible par 43 et qu'on veuille avoir le reste, il faut prendre le plus petit quart du reste obtenu après en avoir retranché 43, s'il y est contenu, et ajouter à ce quart autant de fois 11 qu'il reste d'unités. Puis on prend le plus grand tiers du résultat autant de fois moins 1 qu'il y a de tranches dans le nombre donné, ayant soin d'ajouter autant de fois 14 qu'il manque d'unités au résultat pour qu'on en puisse prendre le tiers exactement. Si c'était le second produit du résultat final qui fût le plus fort, au lieu d'avoir le reste, on aurait ce qui manque au nombre donné pour qu'il fût divisible par 43. Pour obtenir le reste, il n'y aurait qu'à retrancher ce nouveau résultat de 43.

Exemple : Soit le nombre 1,594,323 à diviser par 43.

Je dispose ainsi l'opération : $\overset{-}{0}\overset{-}{1},\overset{+}{5}\overset{+}{9},\overset{-}{4}\overset{-}{2},\overset{\times}{2}\overset{\times}{3}.$

$$\begin{array}{l} 3\times3=9 \\ \quad -3 \\ \quad =6\times3=18 \\ \qquad\quad +9 \\ \qquad\quad =27\times3=81 \\ \qquad\qquad\qquad -1 \\ \qquad\qquad\qquad =80-43=37 \end{array} \qquad \begin{array}{l} 2\times3=6 \\ \quad -4 \\ \quad =2\times3=6 \\ \qquad\quad +5 \\ \qquad\quad =11\times3=33 \\ \qquad\qquad\qquad -0 \\ \qquad\qquad\qquad =33 \end{array} \qquad \begin{array}{r} 37\times4=148 \\ 33\times3=99 \\ 148-99=49 \\ \\ 49-43=6 \end{array}$$

49 n'étant pas un multiple de 43, le nombre donné n'est donc pas divisible par 43.

Pour avoir le reste de la division du nombre donné par 43, je retranche 43 de 49, et j'ai pour reste 6.

Alors, suivant ce qui a été dit, j'opère ainsi :

$$\frac{6}{4} = 1 + 2.11 = \frac{23}{3} = 8 + 1.14 = \frac{22}{3} = 8 + 2.14 = \frac{36}{3} = 12$$

12 est le reste de la division du nombre donné par 43, le premier produit étant le plus fort.

44. Tout nombre est divisible par 44, s'il est divisible par 4 et par 11.

45. Tout nombre est divisible par 45, s'il est divisible par 5 et par 9.

46. Tout nombre divisible par 2 et par 23, est divisible par 46.

47. Pour reconnaître si un nombre est divisible par 47, il faut partager ce nombre par tranches de deux chiffres en commençant par la droite, puis on prend le sixième du premier chiffre à droite et l'on ajoute au quotient autant de fois 8 qu'il reste d'unités, plus le premier chiffre de la tranche suivante; et ainsi jusqu'à ce que l'on ait épuisé les chiffres des rangs impairs. On fait la même opération pour les chiffres de rangs pairs, et l'on multiplie le premier résultat par 5 et le deuxième par 3. Si la somme des deux produits est 47 ou un multiple de 47, le nombre lui-même est divisible par 47.

Exemple : Soit le nombre 4,879,681 à diviser par 47.

Je dispose l'opération ainsi : 4,87,96,81.

$$\frac{1}{6} = 0 + 8 = 8 + 6 = 14$$

$$\frac{14}{6} = 2 + (2.8) = 18 + 7 = 25$$

$$\frac{25}{6} = 4 + 8 = 12 + 4 = 16$$

$$16 \times 5 = 80$$

$$\frac{8}{6} = 1 + (2.8 =)\ 17 + 9 = 26$$

$$\frac{26}{6} = 4 + (4.8 =)\ 20 + 8 = 28$$

$$\frac{28}{6} = 4 + (4.8) = 36$$

$$36 \times 3 = 108$$

~~188 / 80 = 108~~ 108+80=188

$$\frac{188}{47} = 4 \text{ sans reste.}$$

donc le nombre 4,879,681 est divisible par 47.

48. Pour reconnaître si un nombre est divisible par 48, il faut s'assurer s'il est divisible par 3 et par 16. (Voir les numéros 3 et 16.)

49. Pour reconnaître si un nombre est divisible par 49, prenez, en commençant par la gauche, le cinquième du premier chiffre et ajoutez au quotient autant de fois 10 qu'il reste d'unités, plus le chiffre qui suit immédiatement dans le nombre; prenez le cinquième du total, ajoutez-y encore autant de fois 10 qu'il reste d'unités et le chiffre suivant, le troisième; et ainsi de suite jusqu'à l'entier épuisement des chiffres du nombre donné. Le résultat final doit être 49 ou un multiple de 49 pour que le nombre soit lui-même divisible par 49.

Exemple : Soit le nombre 964,467.

Je dispose ainsi l'opération : 9,6,4,4,6,7.

$$\frac{9}{5} = 1 + (4.10) = 41 + 6 = 47$$

$$\frac{47}{5} = 9 + (2.10) = 29 + 4 = 33$$

$$\frac{33}{5} = 6 + (3.10) = 36 + 4 = 40$$

$$\frac{40}{5} = 8 + 6 = 14$$

$$\frac{14}{5} = 2 + (4.10) = 42 + 7 = 49$$

Le résultat final étant 49, le nombre est divisible par 49.

50. Pour reconnaître si un nombre est divisible par 50, il suffit de s'assurer si les deux premiers chiffres à droite sont deux 0, ou s'ils forment le nombre 50.

Lagny. — Imprimerie de VIALAT et Cie.

## OUVRAGES DU MÊME AUTEUR :

FR. C.

**Biographie de Henri Mondeux**, 1 vol. in-16 de 200 pages. . . . . . . . . . . . . . . . . . . . . . . . 1 50

**Abrégé de la Notice biographique**, édition des colléges (épuisée). . . . . . . . . . . . . . . . . . » 50

**Algorithmia**, o nuovo Metodo della numerazione et delle quatro prime operazioni dell'Aritmetica col mezzo delle quale si puo fare l'addizione senza noia e senza fatica; la moltiplicazione senza prodotti parziali, et la divisione senza dividendi parziali et senza bisogno di logaritmi, *corso professato e redatto* dal professore EMILIO JACOBY, dietro i procedimenti di calcolo del suo allievo il pastore calcolatore della Torena ENRICO MONDEUX. — Cugini Pomba, editori (1851), Torino. 1 50

---

### SOUS PRESSE :

**La Clé de l'Arithmétique**, traité de calcul mental selon les procédés de HENRI MONDEUX. . . . . . . 2 50

---

### POUR PARAITRE PROCHAINEMENT :

**L'Algorithmie**, ou Procédés de HENRI MONDEUX pour effectuer les quatre premières règles au moyen des chiffres. . . . . . . . . . . . . . . . . . . . . . . . . 2 »

**Arithmétique industrielle et commerciale** à l'usage des écoles. . . . . . . . . . . .

**Arithmétique algébrique.** . . . . . . . . . . .

**Arithmétique des Demoiselles**, recueil de 400 Problèmes choisis parmi ceux qui ont été présentés à HENRI MONDEUX dans ses séances. . . . . . . . . .

LAGNY. — Typographie de VIALAT et Cie.

www.ingramcontent.com/pod-product-compliance
Ingram Content Group UK Ltd.
Pitfield, Milton Keynes, MK11 3LW, UK
UKHW021033180726
13838UKWH00004B/1767

9 782329 397443